REINAS DEL UNIVERSO ANIMAL

ORCAS HEMBRAS

Lideresas de la manada

de Jaclyn Jaycox

PEBBLE
a capstone imprint

Publicado por Pebble, an imprint of Capstone
1710 Roe Crest Drive
North Mankato, Minnesota 56003
capstonepub.com

Library of Congress Cataloging-in-Publication Data

Names: Jaycox, Jaclyn, 1983- author.
Title: Orcas hembras : lideresas de la manada / de Jaclyn Jaycox ; translated into the Spanish language by U.S. Translation Company. Other titles: Orca cows. Spanish
Description: North Mankato, Minnesota : Pebble, a Capstone Imprint, [2025]
Series: Reinas del universo animal | Second statement of responsibility from title page verso.
Audience: Ages 5-8 | Audience: Grades 2-3
Summary: "Una madre orca grita. Su bebé se ha alejado demasiado. La cría escucha el llamado. Nada de regreso hacia el grupo. Las orcas hembras lideran un grupo de orcas. Crían las crías y ayudan a la manada a encontrar alimento. Eche un vistazo a las orcas y los roles importantes que desempeñan las hembras para garantizar la supervivencia del grupo. An orca mother calls out. Her baby has gotten too far away. The sound travels through the water. The young calf hears the call. It swims back toward the group. Female orcas, or cows, lead an orca pod. They raise young and help the pod find food. Take a look at orcas and the important roles cows play to ensure the pod's survival."-- Provided by publisher.
Identifiers: LCCN 2024025059 (print) | LCCN 2024025060 (ebook)
ISBN 9780756591816 (hardcover) | ISBN 9780756591762 (paperback)
ISBN 9780756591779 (pdf) | ISBN 9780756591786 (epub)
ISBN 9780756591793 (kindle edition)
Subjects: LCSH: Killer whale--Behavior--Juvenile literature. | Social hierarchy in animals--Juvenile literature. | Social behavior in animals--Juvenile literature. | Animal societies--Juvenile literature.
Classification: LCC QL737.C432 J39518 2025 (print) | LCC QL737.C432 (ebook) | DDC 599.53/615--dc23/eng/20240607
LC record available at https://lccn.loc.gov/2024025059
LC ebook record available at https://lccn.loc.gov/2024025060

Créditos editoriales
Editora: Carrie Sheely; Diseñadora: Bobbie Nuytten; Investigadoras de medios: Morgan Walters; Especialista en producción: Whitney Schaefer

Créditos fotográficos
Alamy: Stephen Lew, 9; Capstone Press, 7; Getty Images: by wildestanimal, 15, Gerard Soury, 8, NNehring, 11, Reuben Krabbe/Ascent Xmedia, 27, slowmotiongli, Cover; Shutterstock: BrightRainbow, (fondo de puntos) elemento de diseño, buchpetzer, 28, Chase Dekker, 21, Janik Rybicka, 6, Monika Wieland Shields, 26, robert mcgillivray, 25, slowmotiongli, 13, 19, Tory Kallman, 17, vladsilver, 23, Willyam Bradberry, 5, WinWin artlab, (coronas) elemento de diseño, Wirestock Creators, 29

Printed and bound in China. PO 6098

Tabla de Contenido

Las palabras en **negrita** están en el glosario.

La poderosa hembra

Más de 5 mil tipos de **mamíferos** viven en la Tierra. De estos, 76 tipos tienen líderes de grupo. Un macho suele ser el líder. ¡Pero no siempre! Algunos animales tienen hembras a cargo. Estas reinas animales son clave para la supervivencia de sus familias. ¡Aprendamos más sobre las orcas hembras!

Las orcas viven juntas en grupos liderados por hembras.

Conoce a las orcas

Como todos los mamíferos, las orcas respiran aire a través de los pulmones. Las orcas jóvenes beben leche de sus madres.

A las orcas a veces se les llama ballenas asesinas. Pero no son ballenas. Son una especie de delfín. Las orcas hembras se llaman vacas. A los machos se les llama toros.

Las orcas nadan en aguas frías cerca de Noruega.

Las orcas son animales **marinos**. Estos animales viven en el agua. Las orcas se encuentran en todos los océanos. Algunas viven cerca de la costa. Otras viven lejos de la costa. Se pueden encontrar en aguas heladas. También viven en aguas cálidas.

Las orcas son carnívoras. Son los principales **depredadores** del océano. Ningún otro animal caza a las orcas adultas.

Las orcas comen más de 140 tipos diferentes de **presas**. Comen pescado, calamares y focas. Se alimentan de pingüinos y ballenas. Las orcas cazan morsas y tiburones. ¡Incluso saltan del agua para atrapar aves marinas!

Una orca arrebata a un león marino.

La **dieta** principal de las orcas depende del lugar donde viven. En algunos lugares comen principalmente pescado. En otros, se alimentan principalmente de mamíferos marinos.

Una orca atrapa a un pingüino.

Los cuerpos de las orcas

Las orcas son animales grandes. Pueden crecer hasta 32 pies (10 metros) de largo. Los machos crecen un poco más que las hembras.

Las orcas están hechas para vivir en el agua. Tienen una larga aleta dorsal en la espalda. Esta aleta ayuda a mantener a las orcas erguidas. Dos aletas ayudan a las orcas a dirigirse. Las orcas también tienen colas fuertes que las empujan rápidamente a través del agua.

Las orcas son uno de los mamíferos marinos más rápidos. Pueden nadar hasta 30 millas (48 kilómetros) por hora.

La aleta dorsal de una orca puede medir hasta 6 pies (1.8 m) de altura.

Una aleta dorsal negra aparece sobre el agua. ¡Vaya soplido de agua! Un chorro de agua se dispara al aire. Las orcas tienen un espiráculo encima de la cabeza. Usan el espiráculo para respirar. Nadan hacia la superficie. Justo antes de alcanzarla, exhalan. El agua que se encuentra encima del espiráculo se echa hacia arriba. Luego respiran en la superficie.

Las orcas tienen el lomo negro. Sus estómagos son blancos. Esta coloración les ayuda a mezclarse con su entorno. Desde abajo parecen la luz del sol. Desde arriba parecen agua oscura. Puede ser difícil para las presas ver venir a las orcas.

Las orcas tienen entre 40 y 56 dientes en forma de cono. Los usan para atrapar las presas. Sus dientes también les ayudan a morder y desgarrar los alimentos.

Los dientes de una orca pueden medir hasta 4 pulgadas (10 centímetros) de largo.

Familias de orcas

Las orcas viven en grupos familiares llamados **manadas**. La mayoría de las manadas tienen menos de 50 orcas. Pero algunas manadas tienen más de 100. La mayoría de las orcas permanecen en la misma manada toda su vida.

¿Puedes hacer tanto ruido como el motor de un jet? ¡Las orcas pueden! Utilizan clics, silbidos y llamadas para **comunicarse**. Cada manada tiene sus propias llamadas especiales. En aguas profundas y oscuras, a las orcas les resulta difícil ver. El sonido es la mejor manera de realizar un seguimiento a su familia.

A medida que las orcas se adentran en las aguas oscuras del océano, realizan un seguimiento de dónde se encuentran los miembros de su familia.

Lideresas sabias

Un grupo de orcas atraviesa el agua. Una poderosa hembra está al frente. Los hambrientos miembros de la manada la siguen. Ella los está llevando a una nueva zona de caza. Se ha vuelto difícil encontrar comida. ¡Pero no hay que preocuparse! Su sabia lideresa sabe exactamente adónde ir. Pronto tendrán el estómago lleno.

Las hembras lideran las manadas mientras viajan.

Muchos animales mueren cuando ya no pueden tener crías. Pero no las vacas orcas. Las hembras dejan de tener hijos alrededor de los 40 años. Viven mucho más después de eso. ¡Algunos viven hasta los 90 años!

Con el tiempo, estas vacas mayores se convierten en líderes de la manada. Aprenden mucho durante sus largas vidas, como dónde encontrar comida. Transmiten sus conocimientos a sus familias. Las orcas machos viven sólo unos 50 años.

Las orcas llegan a conocer bien a otros miembros de su manada a lo largo de su larga vida. Juegan, cazan y descansan juntas.

Las orcas hembras pueden tener crías cuando tienen alrededor de 10 años. Llevan un embarazo de unos 17 meses. Dan a luz a un bebé a la vez.

Las crías de orca también se llaman cachorros. El primer año dependen de sus madres para obtener leche. Es su única fuente de alimento. Las crías se alimentan con frecuencia. ¡Deben beber mientras nada su madre!

Una madre orca nada con
su cría cerca de California.

Los machos no ayudan a criar a las crías. A medida que las crías crecen, las madres les enseñan a cazar como parte de un grupo. Las madres también enseñan a las crías cómo comunicarse en el grupo.

Las madres enseñan a las crías diferentes formas de cazar. Por ejemplo, las madres pueden enseñar a sus crías a asomar la cabeza para ver. Para ello, sacan la cabeza del agua. Los científicos creen que las orcas hacen esto para ver presas cerca de la superficie.

Las madres suelen cuidar a sus crías durante unos dos años. Entonces las crías están listas para vivir sin ayuda.

Orcas asomando la cabeza para ver

Trabajando juntos

Las orcas hembras tienen trabajos difíciles. ¡Pero no lo hacen solas! Se ayudan unas a otras. Las hembras mayores ya no tienen sus propias crías que alimentar. En cambio, lo comparten con otras crías. Esto les da más posibilidades de sobrevivir.

Las orcas cazan juntas y comparten su comida.

Otros animales atacan a las crías. Las hembras adultas trabajan juntas para mantener seguras a las crías. Forman un círculo alrededor de los jóvenes. Las crías se quedan en el medio. Así están protegidas.

Las orcas hembras adultas trabajan juntas para mantener seguras a sus crías.

Las hembras también cuidan a las crías de otras. Se turnan para vigilar a las orcas más jóvenes.

Las orcas hembras son grandes líderes. Enseñan a sus jóvenes. Comparten comida. Su trabajo ayuda a que su manada sobreviva.

Una manada de orcas viaja cerca de la costa.

Datos sorprendentes sobre las orcas

Las orcas tienen una gruesa capa de grasa debajo de la piel. Las mantiene calientes en aguas heladas.

Las orcas duermen con un ojo abierto.

Las orcas pueden oír sus manadas a kilómetros de distancia.

Las orcas adultas pueden comer 500 libras (227 kilogramos) de comida al día.

Las orcas no tienen sentido del olfato. Encuentran comida mediante el sonido o la vista.

A veces las orcas saltan a la tierra o al hielo para atrapar focas.

Las orcas son los miembros más grandes de la familia de los delfines.

La orca de mayor edad conocida del mundo vivió más de 100 años. Los científicos la llamaron abuela.

Glosario

comunicarse (co-mu-ni-CAR-se)—compartir información

depredador (de-pre-da-DOR)—un animal que caza a otros animales para alimentarse

dieta (DIE-ta)—lo que se come habitualmente

mamífero (ma-MÍ-fe-ro)—un animal de sangre caliente que respira aire; los mamíferos tienen pelo o pelaje; las hembras de los mamíferos alimentan con leche a sus crías

manada (ma-NA-da)—un grupo de orcas

marino (ma-RI-no)—que tiene que ver con el agua

presa (PRE-sa)—un animal cazado por otro animal para alimentarse

Índice

Behind the Lens Photography

Sobre La Autora

Jaclyn Jaycox es autora y editora de libros para niños. Cuando no escribe, le encanta leer y pasar tiempo con su familia. Vive en el sur de Minnesota con su marido, sus dos hijos y un valiente perro Goldendoodle.